HAIZI NIYAO
XUEHUI BAOHU ZIJI

孩子，你要学会保护自己

面对生命威胁学会自救

王维浩　编著

科学普及出版社

·北　京·

图书在版编目（CIP）数据

孩子，你要学会保护自己.面对生命威胁学会自救 /
王维浩编著 . -- 北京：科学普及出版社，2022.11（2024.1 重印）
ISBN 978-7-110-10488-0

Ⅰ . ①孩… Ⅱ . ①王… Ⅲ . ①安全教育—儿童读物
Ⅳ . ① X956-49

中国版本图书馆 CIP 数据核字 (2022) 第 141429 号

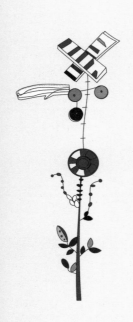

张咏梅 儿童伤害预防教育专家、全球儿童安全组织（中国）高级传讯顾问、中国项目专员

　　几年前，有企业邀请我去给他们的员工讲有关儿童伤害预防的讲座，其初衷是企业给予员工的一种福利。近些年，随着网络信息的传播，越来越多的儿童伤害事件浮现在了大众的视野中。一时间，"儿童安全"成了无法回避的重要议题，被人们广泛地讨论。无论是网络上的新闻热点，还是两会上的代表提案，都显示出了大众对中国儿童安全教育倾注的深情。由此，我也看到越来越多的企业将"儿童安全培训"列为重要内容，不再是简单的福利馈赠，而是将此纳入了企

业社会责任的一部分。如此的重视程度，可以说，中国的孩子们有福了。

　　十年前，我有幸成为全球儿童安全组织（中国）高级传讯顾问，专注于儿童意外伤害预防的数据研究和常识传播工作。在每天面对的大量伤害信息中，我发现几乎所有的意外发生都是有规律可循的。比如暑期是儿童溺水高发期；燃气中毒或烧烫伤是年底到春节期间发生最多的伤害类型；幼童发生高楼坠亡的起因多和看护缺失有关；因盲区造成的汽车碾轧意外，也多因孩子未在家长监护下跑过马路所致。由此，做好儿童伤害预防的基础，就是学习基本常识、了解事件本质、注重行为培养。

　　这套书的出版主要面向学生群体，文风、画风和游戏的设计都贴近儿童的阅读习惯。众所周知，做安全教育有个难点，就是人群定位。不同年龄段的孩子，宣讲的方式和内容截然不同。比如0—3岁的宝宝，处在最乐于探索世界的年龄段，家长的教育应侧重于帮助他们营造家中的安全环境。4—6岁的幼童开始了社会交往，不安于居室，放眼于户外，

父母要多用游戏互动的方式来进行亲子教育，通过角色扮演让孩子理解危险的定义。进入小学阶段的儿童，低年级和高年级的安全教育也是有区分的。普及形式由游戏体验到实训学习，都需要建立一整套有针对性的课程体系。

《孩子，你要学会保护自己》这套书很好地抓住了小学至初中阶段儿童的行为和认知特点，侧重行为指导。比如《面对校园风险我会说不》分册中，将课间容易发生的冲撞、打闹等充满隐患的行为单列出来，明确正确的行为指导，以正视听;《潜藏在生活中的危机》分册中，将孩子们容易在公共场所发生的危险行为列举出来，比如乘坐自动扶梯的错误姿势等;《面对生命威胁学会自救》分册中，一些生活的急救小常识也非常实用。道路伤害是 1—14 岁中国儿童第二位死因，是 15—19 岁少年第一位死因。而步行和乘坐机动车是发生交通意外的主要交通方式。因此,《我会应对户外危险》分册，强调了要规范儿童的步行习惯，比如专心走路、不要戴耳机等，是避免伤害的重要一课。

全球儿童安全组织创建者——美国华盛顿儿童医学中心

烧伤科医生马丁博士曾说："没有偶然的事故，只有可预防的伤害。"在传播儿童安全教育的十多年中，我深刻体会到这句话的意义。**来自生活中的伤害，看似属于意外，其实99%都是可以预防的。**认识到环境对伤害发生的影响，就可以从源头杜绝隐患的发生；了解到行为对伤害结果的影响，就可以主动改掉坏习惯，养成好习惯，从而提高安全意识。

　　希望更多的孩子从这套书中学到安全常识，学会保护自己，注重改变陋习，真正实现平安一生。

　　我们的生活是美好的，我们的未来是充满希望的。可是，在未来的道路上，有一些可能会损害我们健康的危险时刻威胁着我们。如何让同学们学会健康自护，尽可能地避免意外伤害？遭遇伤害后应该怎样处理？这需要我们对生活经验进行点滴积累，从而在生活中学会保护自己。

　　处在一个清洁美丽的环境中，有一个健康的身体，我们每天的生活才会充满阳光。

　　愿平安健康伴随着我们每个人。

目录

鼻子出血

　　人体的鼻腔（qiāng）黏膜（niánmó）上分布着丰富的血管，覆（fù）盖于鼻腔的内表面，如果不小心碰一下，甚至在没有物体触（chù）碰的情况下，也可能会出现流血的情况。这时我们该怎么办？

千万不要紧张，惊慌反而会使鼻子的出血量增加。因为过分（fèn）紧张会使血压升高，从而导致出血更多。

如果出血不多，可采取半坐位，头稍向前倾并稍微抬高下巴，但不要抬得过高，这样既不能判（pàn）断出血量的多少，又易使血液（yè）倒流，刺激胃部引发呕（ǒu）吐。

然后再用手指按压鼻翼(yì)靠上部分，多数鼻出血用此法可以止住。按压时间为5~10分钟。按压的部位不能太低，如果只是捏(niē)紧鼻孔，是压不到出血部位的。

如果出血量较多，可以用一小块已消毒的湿纱布或卫生棉球塞在流血的鼻孔内，然后压迫出血部位来止血。

也可以不停地用凉水轻轻拍打额(é)头，或将凉毛巾放在额头上，这样有助于止血。

如果经上述处理后仍然止不住出血，应立即前往医院就医。如果鼻子经常出血，应去医院检查，以便及早发现其他疾病隐患(huàn)。

急性扭伤

　　我们在锻炼（duànliàn）时，有时会不小心就把脚扭伤了，好疼（téng）啊！这时我们该怎么办呢？

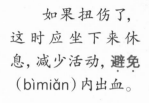

如果扭伤了，这时应坐下来休息，减少活动，**避免**（bìmiǎn）内出血。

在扭伤后的24小时内可以进行冷敷（fū）。简便的方法是将冰块装入塑料袋内敷于扭伤部位。也可以把扭伤处直接浸（jìn）入冷水中。

注意这个时候不能对扭伤部位进行按摩（mó），以免引起内部组织出血。

千万不能按摩！

要注意休息，不要到处走动。休息时把脚适当垫（diàn）高，减轻扭伤部位受到的压力。

扭伤24小时后，可对扭伤部位进行热敷，用热水、热毛巾、热水袋、红外线理疗仪等进行治疗（liáo）。但时间不宜过长，每次20~30分钟，一天两次即可。

如果扭伤很严重，而且感觉很疼，又出现了红肿，应及时去医院治疗。

轻度烫伤

　　我们在日常生活中往往会碰到由热水、热油等引起的各种烫（tàng）伤，这时该怎么办呢?

如果被烫伤，不要慌张，更不能用手去摩擦伤处，以免加重皮肤伤害，造成感染（rǎn）。

啊！

应立即离开热源（yuán），迅速用冷水冲洗或浸泡烫伤部位。一方面可以冲掉皮肤上残（cán）留的东西，另一方面可以降低皮肤的损（sǔn）伤程度。

也可以用生理盐水清洗受伤部位，这样可以达到止痛消肿的目的。

可以用75%的酒精浸湿纱布进行局部湿敷（注意及时更换），这样既能止痛，又能使烫伤的局部红肿皮肤消炎，避免发生渗(shèn)液及水疱(pào)等。

如果起了水疱，不要随意抓破，可以用已消毒的针刺破，放出水疱里的液体。一般的轻度烫伤可不进行包扎。

轻度烫伤可以用烫伤膏（gāo）轻轻涂（tú）抹。如果烫伤十分严重，应立即到医院进行治疗。

头皮血肿

　　同学们在走路时不注意看路的话可能会摔倒，或是撞到东西，可能引发头皮血肿。这时我们该怎么办呢？

由于生理原因，头被碰撞时易起包，即头皮血肿。一般来说这种血肿较小，不需要特殊处理，可待1—2周让其自然吸收。

千万不能用手在血肿部位用力揉（róu），这样做是非常危险的，有时会损伤其他血管，增加出血量。

在 24 小时内可以冷敷。冷敷可以使毛细血管收缩，从而减轻局部充血程度，以及减轻皮下出血与肿胀。

过一两天后再进行热敷，可以使血肿慢慢消散。

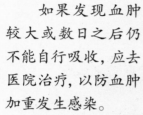

如果发现血肿较大或数日之后仍不能自行吸收，应去医院治疗，以防血肿加重发生感染。

平时走路要注意安全，不要到危险的地方去玩耍，以防发生意外。

手和脚磨出水疱

　　我们在劳动或赶路时，手和脚可能会磨出水疱，这时该怎么办呢？

如果手上或脚上磨的疱比较小，可以不用管它，只要避免继续摩擦，几天后水疱就会自行消失。

啊！

如果水疱较大，影响干活或走路，可以对水疱进行处理。

先用清水把水疱及周围的皮肤洗干净，然后找一根针，用医用酒精消毒，或是把针尖放在火上烧一烧进行消毒，最后在水疱侧面扎一个小眼，把里面的疮（chuāng）液轻轻地挤压出来。

局部擦一点医用酒精，用一块消过毒的纱布包上就可以了。

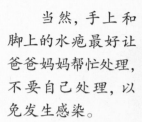

当然，手上和脚上的水疱最好让爸爸妈妈帮忙处理，不要自己处理，以免发生感染。

为了防止手和脚磨出水疱，可以提前检查一下鞋带，不要太紧或太松。劳动时也可以戴上手套。

眼睛进了异物

同学们在外玩耍（shuǎ）时，难免会眯（mí）眼，也就是有异物进了眼睛。这时我们该如何清理这些异物呢？

眼睛进了异物时，千万不要揉眼睛，以免异物刮伤角膜而发炎。

眨几下眼睛！

可以反复眨眼，用眼泪将异物冲刷出来。也可以用眼药水、凉白开或生理盐水冲洗。

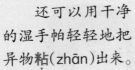

还可以用干净的湿手帕轻轻地把异物粘(zhān)出来。

如果异物还是很难处理，就要闭(bì)上眼睛，迅速到医院治疗。

眼睛若被化学品灼（zhuó）伤，应立即用生理盐水或清水冲洗15分钟。冲洗时头要倾斜（qīngxié）一点，以免被冲掉的化学品流进另一只眼睛里。冲洗后应立即到医院进行治疗。

小心点！

若是生石灰溅（jiàn）入眼睛，一不能用水洗，二不能用手揉。生石灰遇水产生热量会灼伤眼睛。应该用棉签（qiān）或手帕拨出生石灰，再用清水洗。

卡到鱼刺

在日常生活中，鱼刺卡到喉咙（hóu·lóng）屡（lǚ）见不鲜，无论大人小孩都可能会遇到。这时我们该怎么办呢？

如果被鱼刺卡住，不能采取吞咽饭团或馒头的方法试图将鱼刺带下去。因为在吞饭团时增加了压力，会使鱼刺扎得更深。

千万不要用手去抠（kōu）嗓子，这样不仅会呕吐，还会让鱼刺越扎越深。

先轻轻地咳几声，利用气管里冲出来的空气的压力将扎得较浅的鱼刺咳出来，注意咳嗽时最好不要咽（yàn）口水。

不要轻信民间偏方，比如喝醋、吃馒头等。

上述方法无效时，如果家里有医用镊（niè）子等，可以让伤者将嘴张开，再用消毒后的镊子将鱼刺取出。

如果发现较大的鱼刺扎进喉咙，而在喉咙的四周都看不到鱼刺的影子，不要耽搁（dān·ge），立即去医院治疗。

手被刺扎伤

　　同学们在玩耍时，有时会不小心被刺扎伤，这时该怎么办呢？

如果刺还有一部分留在皮肤表面，可以用已消毒的镊子轻轻拔掉。

如果没有镊子，可以用缝衣针。将针尖放在火上烧一下，然后再用干净的纸或布把针尖擦净，用针轻轻拨出刺。

去除刺后，轻轻挤出伤口处的血，并用已消毒的纱布或创可贴包扎好伤口，以防感染。

如果刺扎得很深或扎在指甲下面，应及时去医院治疗。

如果不小心被有毒的刺扎伤，局部红肿，就应立即到医院进行治疗，以免产生更严重的后果。

玩耍时，尽量不要到花草丛中去，以免被刺扎伤。

脚被竹签、铁钉刺伤

由于竹签、铁钉长且尖锐，刺入人体后，伤口往往小而深，还可能在伤口内留有异物。这时我们该怎么办呢？

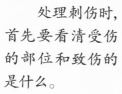

处理刺伤时，首先要看清受伤的部位和致伤的是什么。

是竹签!

拔出来了!

若刺伤的位置（zhì）不在重要器官附近，可以先拔出异物，并尽快去医院治疗。

如对伤情没有把握，就不要随便把刺入物拔出，以免拔出时造成大出血。此时应立即到医院进行治疗。

没有断！

对于拔出的竹签、铁钉等应仔细观察，看看是否有断裂痕（hén）迹。

对于这类刺伤，最好用 0.5% 的碘(diǎn)伏进行消毒。

对于刺伤较深，尤其是生锈的铁钉造成的伤口，还应到医院注射破伤风疫(yì)苗，以预防破伤风。

打嗝儿

　　有时我们会无缘无故地打嗝儿（gér）。打一两个嗝儿无伤大雅（yǎ），可有人连续地打嗝儿，感觉身体极不舒服。这时我们该怎么办呢？

在人体胸腔与腹腔之间有一层横膈膜，叫膈肌。当人因受凉或吃东西过快，会致使横膈膜发生**痉挛**（jìngluán），医学上称为膈肌痉挛。

打嗝儿有时偶尔发作，很快停止；有时会持续一段时间。

打嗝儿时，应分散注意力。可以拿一个空纸盒（hé），对着纸盒一口一口地吹气，打嗝儿有时会停止。

也可以用手指用力压迫两个大拇（mǔ）指指甲根部侧面的少商穴（xué），打嗝儿便可停止。

可以用手指按压内关穴(手腕内侧 2 寸，即第一横纹下约 3 横指的距离，1 寸 ≈ 3.33 厘米)，也可以停止打嗝儿。

吃点药吧!

呃

如果上述方法仍不能让你停止打嗝儿，那就得去医院，用药物来治疗。

耳朵进虫

同学们天性爱玩，有时在草地上玩，有时在树丛中玩。如果一不小心有虫子钻进耳朵里，这时我们该怎么办呢？

一旦发现有虫子爬进耳朵里,千万不要惊慌,一定要冷静。

呀!

此时千万不要胡乱地掏耳朵。因为虫子受到刺激后,会不停地乱爬并向耳朵深处钻。

而且这样胡乱地掏耳朵会刺伤耳道，甚至会刺破耳膜，引发耳聋（lóng）等症（zhèng）状。

出来了吗？

可以把耳朵朝向有光源并且很亮的地方，或是马上到暗处用手电筒（tǒng）照射外耳道口，使虫子朝着光爬出来。

如果灯光诱(yòu)虫不成功，虫又在耳内嗡(wēng)嗡作响，可将食用油滴入外耳道，使昆(kūn)虫不能乱动，然后再用小镊子将昆虫取出。

或将医用酒精滴入外耳道，使虫子不能乱动，然后用小镊子将虫子取出。如果虫子仍不出来，请及时去医院就医。

游泳抽筋

　　炎热的夏天，当你跃入水中游泳（yǒng）时，会感到一阵的凉爽和舒畅。但是游泳时可能会发生抽（chōu）筋的现象，这时我们该怎么办呢？

在水中出现抽筋的情况时，一定要保持镇定，切勿（wù）慌张以免呛（qiāng）水，使抽筋症状加剧。

救命！

一定要大声喊救命，并且配合救援（yuán）人员的指令。

还要学会自救。如果小腿抽筋，可以用手握住抽筋的腿的脚趾（zhǐ），用力向上拉，使抽筋的腿伸直。另一只脚踩水，另一只手划水，反复多次可恢（huī）复。

如果是双手抽筋，应迅速把手握成拳（quán）头，再用力伸直，重复几次可恢复。

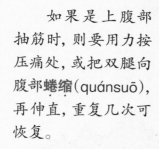

如果是上腹部抽筋时，则要用力按压痛处，或把双腿向腹部蜷缩（quánsuō），再伸直，重复几次可恢复。

在游泳前要做好热身运动，对易出现抽筋的位置进行按摩。下水前还要用冷水拍打身体和四肢（zhī），使身体能适应较低的水温。

游泳时耳朵进水

在游泳时，一不小心水就进了耳朵，令人极不舒服。这时我们该怎么办呢？

游泳时，当耳朵进了水，不要慌张，也不要用手指去掏，因为水是不可能被掏出来的。

啊，耳朵进水了！

这时可以回到岸上，将头倒向耳朵进水的一侧，用手掌压紧有水的耳朵并屏住呼吸，再迅速把手拿开，反复做几次就可以把水吸出来。

也可以采用跳跃法将耳朵中的水跳出来。将头倒向耳朵进水的一侧，原地跳动，促使水从耳内流出。

还可以用灌（guàn）引法。将头倒向耳朵没进水的一侧，然后将干净水灌进已进水的耳朵，再迅速向进水耳朵一侧摆头，将水一倒而出。但一般不采用此法。

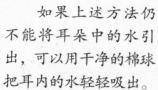

如果上述方法仍不能将耳朵中的水引出，可以用干净的棉球把耳内的水轻轻吸出。

游泳时要多加注意，不要在水中嬉（xī）戏打闹，以防出现意外。

遇到蛇

　　我们在山上、树林或草丛中玩耍时，可能会遇到蛇（shé）。一旦遇到蛇，我们该怎么办呢？

其实蛇一般是不会主动攻击人的，只有在它受到惊吓时才会发起进攻。

一旦发现蛇，千万不要惊慌乱动。一般情况下，蛇只想着自己如何逃生，不会主动攻击人。

如果遇到蛇后就惊慌逃跑，就等于向蛇提供（gōng）了最准确的进攻方向，反而会招致危险。

如果蛇发现你后并没有发起进攻，而是快速地逃走，那么你也不要去追打它，那样非常危险。

如果蛇危及了你的生命，要设法杀死它。可取一根木棒快速打向蛇的后脑部。

玩耍时要留意树上是否有蛇，因为有的蛇常栖息在树枝上。翻动石块或挖洞时，不要直接用手，应用木棒等工具，以防误摸到蛇，被蛇咬伤。

被毒蛇咬伤

如果在野外不小心被毒蛇咬伤，我们该怎么办呢？

被毒蛇咬伤后要保持镇静，不要惊慌奔跑，以免加速血液循（xún）环而加快毒液的吸收和扩散。

选择适当的地方坐下，立即用布带在伤口上方（离心脏近的一端）进行包扎。但应每隔20~30分钟放松一次，每次2~3分钟，以免肢体缺血而坏死。

用干净的小刀或**玻璃**（bō·li）片将伤口划成十字形，用手在伤口周围挤压，尽量把毒液从伤口里挤出。

然后可以用河水、井水、凉白开、肥**皂**（zào）水或生理盐水冲洗伤口。如有条件，用1%的高**锰**（měng）酸**钾**（jiǎ）或2%的双氧水冲洗更好。

设法用吸管或火罐（guàn）吸出毒液。如无上述条件，也可以用嘴直接吸吮（shǔn）。但吸吮者口腔应没有破损和龋（qǔ）齿，吸出的毒液要立即吐出并反复漱（shù）口。最好是隔着塑料薄膜吸，以免施救者中毒。

经过上述紧急处理后，应迅速赶往医院医治。

被猫、狗咬伤

当你不小心被猫、狗咬伤时，千万不能大意，即使有的猫、狗没有狂犬病的表现，也有可能带有狂犬病毒。这时我们该怎么办呢？

一旦被猫或狗咬伤后，如果伤口流血不多，不要立即进行止血处理。因为流出的血可以将伤口处残留的动物唾（tuò）液冲走。

流血啦！

先别忙止血！

可以用清水、肥皂水或生理盐水反复清洗伤口30分钟，然后再用浓度70%的酒精或50°~70°的白酒擦伤口。

对于流血不多的伤口应从近心端向伤口处挤压并排出血液，有利于动物唾液的排出。

应在受伤后的 2 小时内彻（chè）底清洗伤口，以减少狂犬病的发病机会。

经上述处理后应立即赶往医院治疗，并听从医生建议，决定是否需要注射狂犬病疫苗。

街上的流浪狗或流浪猫身上会带有很多病菌，不要离它们太近，也不要随意去抚摸这些猫、狗。

被人跟踪

放学回家的路上，突然发现后面有人跟踪（zōng）你，这时你该怎么办呢？

这时千万不要慌张,应加快脚步朝自己熟悉(shú·xi)的、人多的地方跑去,甩掉那个陌(mò)生人。

或是赶紧跑到附近的商场里,请求商场里的工作人员帮忙。也可以看看附近有没有熟悉的同学、家长,向他们寻求帮助。

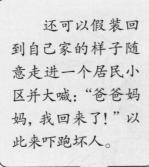

还可以假装回到自己家的样子随意走进一个居民小区并大喊："爸爸妈妈，我回来了!"以此来吓跑坏人。

爸爸妈妈，我回来了!

千万不要往巷（xiàng）子、死胡同（hútòng）或不熟悉的地方走。若条件允许也可以迅速搭乘出租车或公交车来甩掉跟踪者。

尽快找到警察,寻求他们的帮助与保护。或是向附近的安保人员寻求帮助。想办法拨打 110 报警电话,或是通知爸爸妈妈及学校老师。

记住,放学回家时尽量和同学结伴同行。

路上遭绑架

如果我们在放学或外出的路上不幸遭遇**绑架**（bǎngjià）。这时该怎么办呢？

坏人绑架小孩通常情况下都是以求财（cái）为目的。因此，要掌握应对方法，沉着应对，以求平安无事。

让你爸把钱汇过来！

小子，再闹，我就对你不客气了！

面对绑匪（fěi）的时候，不要大哭、大闹或疯狂挣扎，以免惹（rě）怒歹（dǎi）徒，给自己带来杀身之祸（huò）。

在没有把握的情况下，最好不要轻易尝试逃跑，那样很容易令自己陷入更危险的境地。

我不认识你！你是谁？

认识我吗？

如果发现绑匪是以前见过的人，千万不要和绑匪套近乎。绑匪通常都不愿被人认出来，避免绑匪杀人灭口。

如果感觉害怕，要学会转移自己的注意力，比如闭上眼睛休息或观察周围的环境，要坚信爸爸妈妈和警察会来救自己。

平日里也要多加小心，不要跟陌生人走，不要一个人去偏僻（pì）无人的地方，以免发生危险。

车上遭遇劫持

　　放学后，当你独自乘车回家时，司机并没有按你所指的路线行驶，你很可能遭到了劫（jié）持，这时该怎么办呢？

乘车时，在路上不停地向家人报告行踪，可以很好地震慑（zhènshè）那些别有用心的黑心司机。

老爸，我到解放路口了。

师傅，我把车牌号发给我妈了！

乘车时，特别是独自一人时，千万不要坐副驾驶座位，坐在后排更安全。

遭遇骚扰

　　女孩在车上、电影院或其他公共场所被骚扰（sāorǎo）时，该怎么办呢？

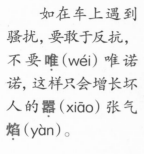

如在车上遇到骚扰，要敢于反抗，不要唯（wéi）唯诺诺，这样只会增长坏人的嚣（xiāo）张气焰（yàn）。

迅速远离坏人，并用凶狠的眼神警告他。

如果坏人还继续骚扰，可设法使劲踩他的脚或推开他，并发出警告或质问，以引起周围人的注意。这样坏人也就不敢再放肆(sì)了。

如果坏人变本加厉，一定要向旁边的人或司机求助并报警。

如果遇到成年人或比自己大的人想借故触摸自己的身体，一定要远离他，并明确要求他停止其行为，而且要及时和爸爸妈妈说明情况。

记住坏人的特征，并设法保留证据，及时报警。乘车时尽量站在女士较多的地方，如果车上人多，可将包放在胸前。

遇到小偷

人多拥挤的公共场所是小偷经常出没的地方。那么，当你遇到小偷时该怎么办呢？

如果遭遇偷盗（dào），不要惊慌，不要冲动地与之争斗，以避免不必要的伤害。

叔叔，车上有小偷！

要远离小偷，设法引起别人的注意，并记住小偷的相貌特征。必要时可寻求司机和乘务员等人员的帮助，抓住小偷。

如果发现小偷身上带着刀或其他凶器，切勿逞（chěng）强，要见机行事，注意保护好自己，一定要在保证自己人身安全的前提下再警示别人。

乘车时，要尽量往车厢中部走，不要停留在车门处。多留神，躲开可疑的人。盗贼（zéi）一般会在拥挤的车门处有意制造混乱，趁机盗窃（qiè）。

外出时，不要大意，钱物应分散放在贴身的几个衣袋里，不要放在身后或外露的口袋里。

这次我看盗贼怎么下手！

哈哈！

随身携（xié）带的包要看管好。贵重的物品不要离开自己的视线，包最好放在身前。在车上不要睡觉或长时间聊天。

找不同

　　饭后有时会无缘无故地打嗝儿，这时你可以对着空纸盒吹气。左右两幅图中有9处不同，请你在右图中把它们圈出来吧！

人体的鼻腔黏膜上分布着丰富的血管，不小心碰到就容易出血。图中的小朋友在鼻子出血时，哪种处理方法是正确的？